目　次

前　言

本标准按照 GB/T 1.1—2009《标准化工作导则　第 1 部分：标准的结构和编写》给出的规则起草。

本标准的某些内容可能涉及专利。本标准的发布机构不承担识别这些专利的责任。

本标准由煤层气行业标准化技术委员会提出并归口。

本标准起草单位：中石油煤层气有限责任公司、中国科学院力学研究所、中联煤层气国家工程研究中心、中国石油天然气股份公司大港油田分公司。

本标准主要起草人：赵培华、刘曰武、胡爱梅、吴仕贵、徐建平、何丽萍、李忠百、牛丛丛。

ICS 75.020

E 12

备案号：46513-2014

中华人民共和国能源行业标准

NB/T 10015—2014

煤层气井干扰试井技术规范

Technical specifications for interference well test in coalbed

2014-06-29发布

2014-11-01实施

国家能源局 发 布

煤层气井干扰试井技术规范

1 范围

本标准规定了煤层气井干扰试井工作的基本内容和技术要求，包括煤层气井干扰试井的设计、施工、测试资料解释和安全与环保的要求。

本标准适用于煤层气排采生产过程中排水降压阶段单相水流的井间干扰测试。

2 术语和定义

下列术语和定义适用于本标准。

2.1

煤层气井干扰试井 interference test in coalbed

选择一口煤层气井作为激动井，另一口（或多口）煤层气井为观测井，通过改变激动井的工作制度，使得煤层中的压力发生变化，在观测井中测量其井底压力的变化，分析井间连通状况及其相关的煤层参数。

2.2

井间渗透率 interwell permeability

通过干扰测试资料分析所得到的渗透率，反映了井间煤层渗透能力的大小。

2.3

井间连通厚度 interwell communication thickness

通过干扰测试资料分析所得到的煤层厚度，反映了井间煤层的等效连通厚度。

3 干扰试井设计

3.1 试井目的

通过井间渗透率、井间连通厚度等参数评价煤层气勘探开发目标区内的井间连通性。

3.2 设计依据

依据勘探开发区内的钻井资料和试井资料以及压裂措施资料，确定合适的测试井及其测试时间、激动井的激动时间和激动量等，选择最佳的施工方案。

3.3 资料收集

3.3.1 区域资料

测试区域的测试层位、井位构造图等。

测试井的钻井、完井简况及测井综合解释成果等。

3.3.2 激动井资料

激动井的基础资料参见表 D.1。

激动井近期生产数据参见表 D.2。

3.3.3 观测井的资料

观测井目前的井身结构，观测井的基础资料内容参见表 D.1。

观测井近期生产数据参见表 D.2。

3.3.4 干扰试井设计的基础数据

干扰试井设计的基础数据参见表 D.3。

3.4 试井设备、仪表技术要求

3.4.1 压力计

测试应选用高精度电子压力计，具体要求如下：

压力量程：根据地区情况预测煤层压力，选择使用的压力量程不大于压力预测值的 1.5 倍。

温度量程：–25℃～+125℃。

数据记录点：达到 60 000 组。

精确度：达到满量程的 0.025%。

温度分辨率：达到 0.01℃。

压力分辨率：达到 0.000 1MPa。

3.4.2 井口防喷系统

进行环空测试时，应安装井口防喷系统，系统总承耐压 30MPa，工作温度–25℃～+80℃。

3.5 参数设计

3.5.1 测试时机选择：煤层气井排采生产初期单相水流阶段。

3.5.2 激动井及观测井的选择要求如下：

　　a) 一般选择较高产量井作为激动井，较低产量井作为观测井；

　　b) 为了获得更好的测试资料，应选择井距较合适的井进行干扰试井。

3.5.3 激动井宜采用增抽变流量的方式进行激动。

3.5.4 激动井的流量宜在原流量基础上变化量最大为佳，但以不伤害产层结构的自然状态为限。

3.5.5 观测井中压力响应信号到达时间由式（1）估算：

$$t = 70.36 \frac{\phi \mu C_t L^2}{K} \tag{1}$$

式中：

　　t——观测井观测到激动井激动响应的时间，h；

　　K——煤层有效渗透率，mD；

　　ϕ——煤层有效孔隙度，1；

　　μ——煤层流体黏度，mPa·s；

　　C_t——煤层综合压缩系数，1/MPa；

　　L——激动井与观测井之间的距离，m。

3.5.6 在激动井产量的变化量 q 确定的条件下，依据压力计响应值与响应时间的关系［见式（2）］计算观测井中测试时间

$$\delta_p = \frac{1.866 q \mu B}{Kh} \left[\frac{1}{2} E_i \left(-\frac{\phi \mu C_t L^2}{14.2117 Kt} \right) \right] \tag{2}$$

式中：

　　δ_p——压力计响应值，MPa；

　　q——激动井产量的变化量，m³/d；

　　B——流体的体积系数，m³/m³；

　　h——煤层有效厚度。

实际测试时间为计算时间的 3 倍～7 倍。

计算不同渗透率下观测井响应的时间参见表 D.4。

计算不同压力计响应值下的观测井响应的时间参见表 D.5。

3.6 数据录取要求

3.6.1 压力计数据采集要求

在干扰试井过程中，高精度电子压力计数据采集间隔应小于 5s，数据格式参见表 D.6。

3.6.2 激动井及相邻井工作制度记录

在干扰试井测试前及干扰试井测试过程记录激动井及相邻井的工作制度，格式参见附录 D 表 D.7。

3.7 测试施工步骤设计

按照测试方法和要求，计划测试施工的具体程序。干扰试井一般步骤是先在观测井中下入高精度、高分辨率的电子压力计，测取观测井本底压力，然后激动井开始激动，观测井中的压力计连续监测井底压力变化直至设计的测试时间。干扰试井施工工序参见表 D.8。

3.8 干扰试井设计报告

干扰试井设计最终成果为干扰试井设计报告，干扰试井设计报告内容参见附录 A。

4 干扰试井施工

4.1 施工准备

4.1.1 需要收集的资料包括：

a) 井的资料：井号、井别、坐标、地理位置、构造位置、完钻层位、井身结构等。

b) 煤层数据：煤层层号、厚度、结构、倾角，煤层顶及底板的岩性、深度和厚度等。

c) 测井资料：井径、井深、井斜等。

4.1.2 测试准备包括：

a) 通井，压力计起下畅通无阻。裸眼井测试要求井底干净，测试层完全裸露。

b) 试井设备检查。

c) 测试前激动井、观测井及其他相邻井保持稳定生产 10d～15d。

4.2 施工步骤

4.2.1 高精度压力计下井

使用高精度压力计进行环空测试时，在观测井保持原生产状态下，安装测试井口，然后下入压力计。压力计下入要平稳，速度不大于 30m/min。压力计下入过程中，靠近最终测点测取不少于 3 个百米梯度。

4.2.2 激动井开始激动

待观测井上录取到稳定的基础压力变化趋势后，在其他邻井保持原生产状态的前提下，激动井按设计激动量改变生产制度开始激动。

4.2.3 观测井井底压力录取

录取井底压力、温度数据进行基础压力变化趋势测试，测试时间不少于 5d。在此期间，激动井及其他邻井保持原生产状态。待基础压力变化趋势测试完成后激动井开始激动，对观测井加密录取数据，监测井底压力变化。待观测井观测到干扰响应后，再次加密录取数据并继续监测井底压力数据达测试设计要求。若在预计时间内没有观测到激动井的干扰反应，应继续监测一倍的预计测试时间。

4.2.4 上提压力计结束测试

在录取的数据达到设计要求后，上提压力计结束测试。上提过程中，靠近测点测取不少于 3 个百米梯度。采用永久式测压装置进行测试时，按照装置技术要求整理测试数据后，结束测试。

4.2.5 现场数据检验

对录取的数据进行检验，经检验数据合格后按要求备份压力、温度数据。

4.3 现场数据采集

4.3.1 现场测试工作记录

记录现场测试的日期、时间、施工情况、工作内容及邻井的工作制度等信息。干扰试井施工工序参见表 D.8。

4.3.2 压力温度数据采集

压力计采样要求如下：

a) 在压力计起下过程中进行梯度测试时，各点的录取时间间隔不大于 60s；

b) 进行基础压力数据测试时，各点的录取时间间隔不大于 120s；

c) 激动井开始激动后，各点的录取时间间隔不大于 30s；

d) 观测到激动井干扰信号后 10h 内，各点的录取时间间隔不大于 3s；

e) 观测到激动井干扰信号 10h 后至结束观测，各点的录取时间间隔不大于 30s。

4.4 数据整理及现场测试施工报告

4.4.1 数据整理

规范的现场原始记录包括：下井管柱、测试工作记录；压力计采集的全部原始数据资料均要以电子文件形式进行备份，并注明井号、测试层位、测试日期、压力计编号、检定日期和施工单位等。

4.4.2 现场测试施工报告

现场测试施工报告的格式参见附录 B。

5 干扰试井资料解释

5.1 测试的概况及数据

5.1.1 基本信息包括：

a) 测试煤层气激动井、观测井的大地坐标、地理位置等；

b) 测试煤层气激动井、观测井的基本数据；

c) 测试煤层数据。

5.1.2 测试概况包括：

a) 测试方式、工作制度、测试时间、测试过程；

b) 测试过程中的井口流量、井口压力及环境温度；

c) 测试过程中的井下压力及温度。

5.2 测试资料的分析方法

5.2.1 单相流条件下的干扰试井资料分析可参照 SY/T 6172 的要求进行。

5.2.2 气水两相流条件下的干扰试井资料分析可以使用商业软件中全数值方法进行资料分析。

5.3 测试资料的分析结果

5.3.1 实际测试数据图

实际测试数据图包括：

a) 测试过程的流量史图；

b) 测试过程的压力史图；

c) 测试过程的流量史、压力史叠加图。

5.3.2 测试资料分析成果图

测试资料分析成果图包括：

a) 常规分析半对数图、半对数检验分析图、双对数分析图、全压力史拟合图；

b) 煤层气解吸区域图；

c) 煤层气压降影响区域图。

5.3.3 测试资料分析模型

测试资料分析模型包括煤层模型、煤层气井类型及井筒条件、内边界条件、外边界条件等的描述。

5.3.4 测试资料分析成果表

测试成果应首先确定井间是否连通，若连通应给出连通渗透率和连通厚度。测试资料分析成果表包括：

a) 常规分析半对数分析成果表；

b) 双对数分析成果表。

5.3.5 结论及建议

对测试结果进行评价，评价测试是否成功、井间是否连通，同时获取连通参数，并对煤层气井生产提出建议。

5.3.6 解释成果报告

测试资料解释的最终成果为试井资料解释成果报告，解释成果报告格式参见附录C。

6 环保与安全

6.1 安全预案

明确试井施工作业过程中的主要安全风险，制订风险削减对策，落实执行单位和人员。

6.2 试井准备期安全检查

试井前选择合适的仪器、设备，并按照规定对其进行检查、保养和性能检验，对承压设备和管线进行密封试压实验，配备试井需要的加重杆和消耗材料。

6.3 安全施工

施工开始前应对施工人员进行安全教育。施工过程中严禁施工人员漏岗、违规代岗，严禁违规操作，井场禁用明火、禁用手机、禁止焊接施工。在出现异常情况、存在安全隐患时，按可能出现的最坏情况做好预防性应对处理。发现重大安全隐患时，应停止可能引发事故的操作，及时上报主管单位。

附　录　A
（资料性附录）
干扰试井设计报告格式

×××地区

×× 井～×× 井干扰试井设计报告

年　月　日

××井～××井干扰试井设计报告

测试层序：

测试井段：　　m～　　m

设计单位：

编　写　人：

审　核　人：

年　　月　　日

一、测试井概况

（一）观测井的基本数据

应给出观测井的基础资料，内容及格式参见表 D.1。

（二）激动井的基本数据

应给出激动井的基础资料，内容及格式参见表 D.1

（三）测试煤层数据

应给出测试煤层的基本数据，内容及格式见表 A.1。

表 A.1　测试煤层的基本数据

层　位		层号	顶板深度 m	底板深度 m	煤层厚度 m
观察井					
激动井					

注：以上有关数据均以平台方补心为基准面。

（四）测试井生产历史和目前生产简况

应给出观测井近期生产数据，内容及格式参见表 D.2；

应给出激动井近期生产数据，内容及格式参见表 D.2；

应给出相邻井近期生产数据，内容及格式参见表 D.2；

应给出干扰试井设计基本数据，内容及格式参见表 D.3。

二、试井目的和测试方案

（一）试井目的

给出本次测试的具体目的。

（二）测试方案

1. 干扰时间与煤层渗透率的关系

给出干扰时间与煤层渗透率的关系，内容与格式参见表 D.4。

2. 干扰时间与压力计响应值的关系

给出确定渗透率条件下的干扰时间与压力计响应值的关系，内容与格式参见表 D.5。

3. 干扰试井施工工序

给出干扰试井施工工序，内容与格式参见表 D.8。

三、施工进度计划

现场准备　　　　天

测试　　　　天

设备进出场　　　天

总计　　　　天

四、附图

应给出干扰试井的观测井的井身结构示意图。

附 录 B

（资料性附录）

干扰试井现场测试施工报告格式

×××地区

××井～××井干扰试井现场测试施工报告

测试层序：

测试井段： m～ m

设计单位：

施工单位：

编写人：

审 核 人：

年 月 日

一、测试井概况

（一）观测井的基本数据

给出观测井的基础资料，内容及格式参见表 D.1。

（二）激动井的基本数据

给出激动井的基础资料，内容及格式参见表 D.1。

（三）测试煤层数据

给出测试煤层数据，内容及格式见表 B.1。

表 B.1　测 试 煤 层 数 据

层　位		层号	顶板深度 m	底板深度 m	煤层厚度 m
观察井					
激动井					

注：以上有关数据均以平台方补心为基准面。

（四）测试井生产历史和目前生产简况

应给出观测井近期生产数据，内容及格式参见表 D.2。

应给出激动井近期生产数据，内容及格式参见表 D.2。

应给出相邻井近期生产数据，内容及格式参见表 D.2。

二、测试目的及测试方法

（一）测试目的

给出本次测试的具体目的。

（二）测试方法

给出本次测试的具体测试方法。

三、现场施工情况

（一）压力计

给出电子压力计性能参数，内容及格式见表 B.2。

表 B.2　电子压力计性能参数

压力计号		外形尺寸	
传感器类型		温度准确度	
压力准确度		温度分辨率	
压力分辨率		数据容量	
电池寿命		压力量程	
温度量程			

应给出压力计编程情况，内容及格式见表 B.3。

表 B.3　压 力 计 编 程 情 况

顺序	p/t 比例	计划测试期	连续测试时间	采样速率	数据数量
1	1				
⋮					
n	1				

（二）相邻井工作制度

应给出相邻井工作制度，内容及格式参见表 D.4。

（三）施工记事

应给出测试现场施工记事，内容及格式见表 B.4。

表 B.4　测 试 现 场 施 工 记 事

测试阶段	日期	时间	过程描述
⋮			

（四）实测井底压力

给出干扰试井实测数据，内容及格式参见表 D.9。

四、测试小结

给出本次施工的总结评价。

五、附图

应给出观测井的测试管柱示意图、实测井底压力及温度数据展开图。

附　录　C

（资料性附录）

煤层气井干扰试井解释成果报告格式

×××地区

××井～××井干扰试井解释成果报告

测试层序：

测试井段：　　m～　m

测试单位：

解释单位：

编　写　人：

审　核　人：

年　月　日

一、概况

（一）井基本数据表

1. 观测井基本数据

给出观测井的基础资料，内容及格式参见表 D.1。

2. 激动井基本数据

给出激动井的基础资料，内容及格式参见表 D.1。

（二）测试层数据

给出测试煤层数据，内容及格式见表 C.1。

表 C.1 测试煤层数据

序号	测试井段 m		煤层厚度 m	有效厚度 m	电阻率 Ω·m	孔隙度 %	解释结论
	顶	底					
1							
┆							
n							

（三）测试井（观测井和激动井）生产历史及现状

应给出观测井近期生产数据，内容及格式参见表 D.2。

应给出激动井近期生产数据，内容及格式参见表 D.2。

应给出相邻井近期生产数据，内容及格式参见表 D.2。

二、测试目的及测试方法

（一）测试目的

给出本次测试的具体目的。

（二）测试方法

给出本次测试的具体测试方法。

三、现场施工情况

（一）压力计

应给出电子压力计性能参数，内容及格式见表 C.2。

表 C.2 电子压力计性能参数

压力计号		外形尺寸	
传感器类型		温度准确度	
压力准确度		温度分辨率	
压力分辨率		数据容量	
电池寿命		压力量程	
温度量程			

应给出压力计编程情况，内容及格式见表 C.3。

表 C.3　压力计编程情况

顺序	p/t 比例	计划测试期	连续测试时间	采样速率	数据数量
1	1				
⋮					
n	1				

（二）相邻井工作制度

应给出相邻井工作制度，内容及格式参见表 D.7。

（三）施工记事

应给出施工记事，内容及格式见表 C.4。

表 C.4　施 工 记 事

测试阶段	日期 yy-mm-dd	时间 hh:mm:ss	过 程 描 述
⋮			

（四）实测井底压力

应给出干扰试井实测数据，内容及格式参见表 D.9。

四、测试成果

（一）实际测试数据图

（1）测试过程的流量史图；

（2）测试过程的压力史图；

（3）测试过程的流量史、压力史叠加图。

（二）测试资料分析成果图

（1）常规分析半对数图、半对数检验分析图、双对数分析图、全压力史拟合图；

（2）煤层气解吸区域图；

（3）煤层气压降影响区域图。

（三）测试资料分析模型描述

煤层模型、煤层气井类型、井筒条件、内边界条件、外边界条件等的描述。

（四）测试资料分析成果表

（1）常规分析半对数分析成果表；

（2）双对数分析成果表。

五、结论及建议

对测试结果进行评价，对煤层气井生产提出建议。

六、附图

应给出实测井底压力、温度数据展开图。

附 录 D
（资料性附录）
相 关 表 格

相关表格见表 D.1～表 D.9。

表 D.1 井 的 基 础 资 料 表

井号				
井别		测试编号		
地理位置				
构造位置				
最大井斜		人工井底	m	
完钻井深	m	完钻层位		
井位复测坐标	纵 X　m			
	横 Y　m			

套管结构	套管名称	外径 mm	壁厚 mm	钢级	下入深度 m	水泥返深 m	阻流环深 m	固井质量
	隔水管							
	表层套管							
	技术套管							
	油层套管							

本层测试井眼情况	压井液类型	密度 g/cm³	黏度 mPa·s	失水 L	泥饼厚度 mm	氯离子 mg/L	切力 Pa	含砂 %
	油补距 m			测试类别				
	测试井段 m		层位		厚度 m		录井及电测解释	

表 D.2 井 近 期 生 产 数 据 表

日期	生产方式	生产时间 h	日产水量 m³/d	日产气量 m³/d	井底流压 MPa	套压 MPa	液面 m

表 D.3　干扰试井设计基本参数表

参数名称	设定值	计算值	单位	备注
煤层深度			m	
井径			m	
水的压缩系数			1/MPa	
水的密度			g/cm³	
水的黏度			mPa·s	
水的体积系数			m³/m³	
岩石压缩系数			1/MPa	
综合压缩系数			1/MPa	
孔隙度			1	
渗透率			mD	
煤层有效厚度			m	
表皮系数			1	
井筒储集系数			m³/MPa	
储层压力梯度			MPa/m	
储层压力			MPa	
激动井激动前产量			m³/d	
激动井激动量			m³/d	
观测井产量			m³/d	
观测井与激动井的距离			m	

表 D.4　干扰时间与煤层渗透率的关系

煤层渗透率 K mD					
干扰时间 t h					

表 D.5　干扰时间与压力计响应值的关系（渗透率值为××××　mD）

压力计响应值 δ_p MPa					
干扰时间 t h					

表 D.6　干扰试井测试原始数据表

序号	测试时间 h	压力 MPa	温度 ℃	序号	测试时间 h	压力 MPa	温度 ℃
1							
2							
⋮				⋮			
m				n			

表 D.7 激动井及相邻井工作制度记录表

相邻井工作制度	时间 h	激动井产量		1 号井产量		2 号井产量		3 号井产量	
		产水量 m³/d	产气量 m³/d	产水量 m³/d	产气量 m³/d	产水量 m³/d	产气量 m³/d	产水量 m³/d	产气量 m³/d
测试开始前									
测试过程中									

表 D.8 干扰试井施工工序表

激动井井号	正常生产时间	增抽激动时间	正常生产时间	—
1				—
2				—
⋮				—
n				—
观测井号	压力计下井连续监测流压开始时间	连续监测流压时间	压力计起出时间	压力计入井时间
1				
2				
⋮				
n				

表 D.9 干扰试井实测井底压力、温度数据表

序号	测试时间 h	压力 MPa	温度 ℃	序号	测试时间 h	压力 MPa	温度 ℃
1							
2							
⋮				⋮			
m				n			

参 考 文 献

［1］SY/T 5440 天然气井试井技术规范
［2］SY/T 5812 环空测试井口装置
［3］SY/T 6172 油田试井技术规范
［4］SY/T 6580 石油天然气勘探开发常用量和单位

————————

中 华 人 民 共 和 国

能 源 行 业 标 准

煤层气井干扰试井技术规范

NB/T 10015—2014

*

中国电力出版社出版、发行

（北京市东城区北京站西街 19 号　100005　http://www.cepp.sgcc.com.cn）

北京九天众诚印刷有限公司印刷

*

2015 年 4 月第一版　　2015 年 4 月北京第一次印刷

880 毫米×1230 毫米　16 开本　1.25 印张　37 千字

印数 0001—3000 册

*

统一书号 155123·2285　定价 **11.00** 元

敬 告 读 者

中国电力出版社官方微信

掌上电力书屋

刮开涂层
查询真伪

155123.2285

上架建议：规程规范/动力工程